松浦弥太郎

伊藤正子

好物 100

CNS | 湖南美术出版社

松浦弥太郎

伊藤まさこ

男と女の上質図鑑

浦睿文化
INSIGHT MEDIA

前言

赏物，实则是要挖掘出物背后的内涵。我终于领悟到越是优质好物，其隐藏的东西就越丰富繁奥。

内涵并非显而易见。越是优质的东西，越需要倾注时间去发现其内在。觉出其一；过一段时间，又会觅得其二；再过许久，又出现其三。就像这样，即便你觉得自己已经勘透此物，依然会有接二连三的新发现。所以，优质好物，就是可以一直持续不断地给你带来惊喜、让你感知幸福的东西。

我与本书里所列举的物品，就是以这种方式相处的。

松浦弥太郎

我一直向往自在舒适。于我而言，什么才是自在舒适呢？我想就是把自己和自己的周围打理得赏心悦目。

首先，要从自己的装扮，从衣服、鞋子、发型等做起。而对诸如香皂、化妆品、家具与杯盘容器以及文具等生活必需品的选择，也非常重要。当你身处于每一件都是由自己精挑细选而得的物品之中时，内心会安定而满足。所谓"好物"，不是指价格的高低，而是指用值得信赖的材料和工艺，精工细制，穿着佩戴乃至使用都令人放心。本书中所介绍的，都是我历时所选诚意推荐的好物。如果能为您打造优质时光提供些许帮助，我会非常高兴。

伊藤正子

目录

前言

成熟装扮

* 红·伊藤正子　蓝·松浦弥太郎

成熟装扮

装扮的关键首先是洁净，

两人在这一点上同识共见。

此外，也需要重视贴身物品的肌肤触感。

整洁得体的仪容装扮，

是对自己以及他人的体贴和尊重。

右·伊藤　　左·松浦

1

肩背亦美的包

Céline 的手拎包

可以肩背的包非常方便，一经使用便难做他选。但是它对着装有一定要求。当你身着西服外套时，挂在肩上的背带会破坏上衣肩部的线条。西式套装搭配单肩背包往往是很荒唐的组合。一个成年人无论男女，即便是休闲打扮，包袋手提总是不会出错的选择。

只要是Céline（思琳）的手拎包系列（Cabas），就具有可以单肩背拎的美感。其背带的长度和背包本身的尺寸之间取得了美好的平衡。虽说不适合职场，但却是假日和旅行时的随身佳品。肩背之外，手提当然也十分合宜。

手拎包首选真皮质地。

2

腾出双手开步走

Céline 的三层单肩斜跨包

　　我总是想尽量减少行装轻松出行。如果能像男人那样，只将最小限度的必需品丢入衣服口袋之后空手走路，那该有多好。

　　Céline的三层单肩斜跨包（Trio）将我的美好空想变成了现实。

　　柔软的羊皮质地温和随体、似有若无。无论是衬衫牛仔裤的休闲范儿，还是西服外套或连衣裙这种偏正式的打扮，它都可以自如百搭，是我非常钟爱的一件单品。它雅致脱俗，从里到外都渗透着高端品牌的不凡美感。

　　我总是将它斜挎在肩空手步行。有了它，走路也成为了一种乐趣。

3

衬衫须白色

Fray 的衬衫

见人会客、享受美味，或是想专注于工作——这种时候，我便会选择白色衬衫。

意大利品牌Fray的衬衫不仅拥有上乘质地，它的裁剪和缝制也都堪称一流。当手臂穿过袖管，那耀眼的白色仿佛魔法一般，使人心境焕然一新。

就我个人来说，如果按照领围尺寸选择成衣，则肩宽和身围尺寸会过大。无奈我只能选择量身定制。虽说有些奢侈，但是一件合体衬衫所带来的那种舒适感是无可比拟的。或许因为身体可以毫无拘束地自由活动、舒展放松，所以疲劳感也会相应减少。但衬衫是消耗品，所以我大概会两年进行一次换新定制。

衬衫平常都收在盒子里。

4

衫似春风

春日将近时，就会想念白衬衫。所以这些年来，在二月末尾去买白色衬衫，几乎成了我的惯例。

我去的是Margaret Howell（玛格丽特·霍威尔）专卖店。虽说这是英国设计师的品牌，但在日本人气极高，拥有多家分店。该品牌几乎成了低调且自然的代名词。

几年前觅得的就是这款爱尔兰亚麻衬衫。它与棉布的区别一目了然，手感光滑却又不失柔软。跟休闲款式的纯棉衬衫相比，用它搭配真丝半裙和珍珠项链更相得益彰。尤其令人惊艳的，是它轻若无物的穿着感觉。

穿上它，心情如沐春风。

5

熨烫的喜悦

Hermès 的棉质手帕

我爱熨烫。搭好熨衣板，备好干净的垫布，熨斗里装上蒸汽用水，敞开窗户让自然风穿越房间。在和煦的阳光下，窗帘随风飘舞。

三件刚洗好的衬衫。穿过的裤子要烫平膝部和腰部的皱褶。外套就挂在衣架上，让蒸汽慢慢扫过袖子和背部。还有手帕，Hermès（爱马仕）的手帕被熨斗一贴，皱褶立即令人愉悦地舒展，神奇地重现光彩。与此同时，我的内心仿佛也被妥帖熨平。这种感觉是如此温馨地支撑着自己的每一天。

我想毫不羞怯地说，没有任何东西能像自己亲手熨烫过的Hermès手帕那样，令我着迷。

完美的手缝感,
越用越喜欢。

6

熟女的得体装备

汕头的刺绣手帕

在高峰秀子*的一篇随笔中，描述过这样一幕：在她和一位女演员闲谈中，对方突然一句"抱歉"之后，拿出化妆盒开始补妆。而女演员手里的那块粉扑已然微垢。透过这块脏粉扑，她感觉自己仿佛悲哀地窥到了女演员的颓废生活。

无论穿戴得多漂亮，无论妆容多美丽，如果从背包里拿出来的手帕皱皱巴巴，那所有悉心装扮都前功尽弃。如果其生活状态甚至为人品性因此遭到质疑，又能怪谁？

我想永远随身带着一条美丽的手帕。干净的、熨烫平整的、优美的手帕。

---

* 高峰秀子（1924－2010），日本女演员、散文作家，被称为日本电影史上演技最高的女演员。

汕头的刺绣手帕，是我在穿着和服或者精心着装时的必备品。单单想到它在背包里，就会让我很开心。而在我不经意地拿出来用的时候，如果有人注意到它并惊呼：啊，真美！我会更加快乐。

7

甩手前行

Dents 的皮质手套

我不会把手插在口袋里走路。对于寒冷，我可以毫无怨言地忍耐。即便在隆冬，也喜欢挺直腰板甩手走路。不过，一副温暖的手套，让这份忍耐变得更加从容。

Dents的皮手套，内里是定制羊绒，温暖得似乎过于奢侈。羊绒来自英国百年羊绒品牌Johnstons。皮面采用柔软的野猪皮。有多种尺码可选，舒适贴合。皮质手套如果不合手会很难看。选择一款略小的尺寸，日后随着皮质的伸展，大小会变得刚刚好。

配合日常穿着，我选了黑色和Cork（黄色）。

戴上即贴合双手。
不仅温暖,
做工也精致漂亮。

8

柔软地裹住双手

皮质手套的老牌厂家Maison Fabre，1924年诞生于以米约大桥闻名的法国南部城市米约。一副手套必须使用裁自同一块皮子的皮料，以手工或是使用古老的英式缝纫机缝制而成。其专卖店设在巴黎皇家宫殿，最近在日本的一些精品店里也有销售。

外面是柔软的羊皮，内里是细致到近乎融化的羊绒，在瑟瑟寒冬中给双手以温暖的呵护。如果白天天暖，可以将手套随意塞进口袋中而丝毫不觉累赘，如此轻盈也是它的魅力之一。我选的是自己中意的灰色。但是我想在下个冬天，试着挑战一副豹纹之类的大胆款式。

9

将礼物贴在耳边

Patek Philippe 与 Rolex

　　这两款腕表都是家人赠与我的礼物。Rolex（劳力士）的"探险家"，是为庆祝我就任《生活手帖》总编五周年送的，三年之后家人又送给我Patek Philippe（百达翡丽）的"海底探险家"腕表。它们寄托着家人对我努力工作的感慰之意。两者皆价格不菲，家人是怎样克己俭省才买下的，我不得而知，但是每天戴在手上，每看一次时间都会给我新的工作动力。

　　Rolex和Patek Philippe都是全自动机械表。它们秒针的动作各有特点，Rolex是无可挑剔的优等生，Patek Philippe则具有些艺术气质。

　　在失眠的夜晚，有时我会把耳朵贴住表盘来听，让自己沉醉在世界最高品质的精密机械的音律中。

喜欢长短针刚好重合的瞬间，
简洁感随之而生。

按照严格的质量标准精挑细选的珍珠，
散发出优雅的光泽。
珍爱它，以后可以传给女儿。

10

一生之交

MIKIMOTO 的珍珠项链

珍珠首饰我一直在MIKIMOTO（御木本）的银座本店购买。除了美和品质的保证，他们的待客服务也绝对一流。永远都亲切有礼，以丰富的知识和经验给予我最好的建议。每次造访，自己也会不自觉地挺拔身姿。那里的售后服务也非常到位，商品售出并不意味着终结，而是预示着从此将开始与御木本的珍珠长交一生。不得不令人赞叹。

某次，在推荐下试戴了这条120厘米的珍珠项链。它可以单串长挂以示清爽，也可以尝试休闲多绕一圈，而三层佩戴则气质立刻变得奢华……一串项链竟可以演绎出不同表情。犹豫了三个月之后，才终于下决心买下。如今却只觉相见恨晚，因为它已经成为我装扮时的不可或缺之物。

11

适足良履

Alden 的平头浅口皮鞋

二十岁的时候，见到年长于己的友人足蹬Alden的平头浅口鞋（Plain Toe），便盼望着自己有一天也能穿上。也正是在那时，第一次知道了被称作科尔多瓦的马臀皮。它穿后形成的垂幕般漂亮的皱褶和镜面一样的光亮度令我神往。

从第一次穿上Alden的平头浅口鞋至今，已经有二十年了。买的当然是马臀皮制，选的是黑色和酒红色各一双。鞋型分别是Barrie last和Modified last。美式传统着装的时候搭配Barrie last，礼服装扮时穿Modified last。

Alden的最大魅力就是它的合脚度。行走方便，变形或者挤脚的情况从未发生过。

黑色科尔多瓦马臀皮鞋。
Modified Last。

12

美丽恋人

Christian Louboutin 的高跟鞋

穿上一双Christian Louboutin(克里斯提·鲁布托),着装搭配的主角就变成了鞋子。想穿它,就要选适合它的衣服。穿上它的时候总会有些紧张。足部护理得完备吗?鞋子和衣服搭配吗?走路的姿势够不够端庄?

再没有一双鞋子可以让我如此小心翼翼郑重以待,完全是恋爱中的感觉。只是这位恋人并不任性,它赋予你华丽的外表,同时也给予你足够的支撑。它的舒适度无懈可击。无论从前方后方还是从侧面看去,都是那么的优雅美丽。最引人注目的当属它鞋底的颜色了。偶尔,在街上遇见踩着高跟鞋的女子,一见到Louboutin那标志般的红色鞋底,就会想到她一定也是在跟Louboutin恋爱,不免惺惺相惜。

高跟的内侧也是红色。
行走时忽隐忽现，十分性感。

有品位的苔绿色与
咖啡色相间的格子图案，
甚合我意。

13

冬季大衣，要具备轻、暖、手感好、款式经典、做工扎实等条件，当然更要合体。因为要满足这所有条件，所以我一直很难遇到称心合意的大衣。顺带一提，羽绒外套这种东西我无论如何也难以喜欢。只要生活在都市，就不需要能抵抗冰点以下气温的那种衣服。

Massimo Piombo的羊毛大衣，是我目前最为满意的一件大衣。设计师彼雅泊（Piombo），是几乎包揽了意大利所有顶级面料的领袖般的人物。

无可挑剔到有些不甘心。

14

将渴望据为己有

Burberry 的风衣

　　一直憧憬着的Burberry（巴宝莉）风衣。在冬日里的伦敦，我造访了位于摄政街的Burberry店，刚巧赶上冬季特惠的第一天。遗憾的是，那天没能静下心来好好选一件自己喜欢的风衣。回到日本，我立刻跑到位于表参道的Burberry。对于风衣的渴望依然没有消失。试穿几款之后，终于找到一件合体的风衣，那种喜悦令人难忘。

　　从袖长改好那天起，一直到早春时节，我几乎每天都穿着它出门。今天试着把纽扣解开，明天试着把腰带塞到口袋里，或者在背后系个结。一天天过去，那件曾是我憧憬的风衣终于一点点地向我靠近了。

15

皮带彰显格调

Ettinger 的皮带

可以说，成也皮带败也皮带。

特别是一身西服套装时，无论多么好的衣服，如果配上一条满是划痕、颜色剥落的旧皮带，则前功尽弃。破旧的皮带我都会毫不吝惜地弃之换新。皮带是消耗品，每一年我会将黑色和褐色皮带全部换新。

皮带我选英国产。用过好几个牌子之后，感觉Ettinger的皮带独胜一筹。在众多凡俗保守的皮带设计中，Ettinger的皮带品质卓越、优雅而有格调。

皮带与鞋子的颜色应该配套，作为自身品味的彰显，干净也是必须严守的规则。

找零的硬币，都在当天放进储蓄罐。
摇着日益变重的储蓄罐，兴奋地想，
这些硬币一定足够买我的下一个新钱包了。

16

成年人的品味

Bottega Veneta 的钱包

　　我的一个朋友每年年初都要换新钱包。她说钱包是每天使用而且是钱币出入之所，换新应该是身为成年人的一种修养。我闻言顿悟，此后，也开始仿效实行。

　　这已经是我用过的第二个Bottega Veneta钱包了。第一个是以柔软的咖啡色皮革手工编制而成的、该品牌经典款式的钱包。我用着十分顺手，所以换新的时候也是抱着同款再入的想法去了店面，结果看见了这只藏蓝色的钱包。它的颜色微妙雅致，散发出难以言说的好品味。

　　轻薄也是它的魅力之一。因为装硬币的空间不大，最初觉得有些不方便，于是索性试着不用硬币，而只用纸币和信用卡以及IC卡生活，一段时间之后，连内心也似乎变得轻快许多。

17

内衣半年一换新

Schiesser 的内衣

　　想了解一个男人，只要注意他的指甲和手是否修剪干净和保养得体，再看他穿着什么样的内衣，就会了然于胸。得体的绅士，是应该在最显眼和最不显眼的地方都下功夫的。

　　我的内衣每隔半年会全部换新一次，并且选择六件纯白色的同款。

　　我喜欢这个德国老品牌的舒适内衣。虽说所费不赀，但是身着崭新的贴身内衣，那种舒爽感觉绝对物有所值。

1950 年代风格的细线复又流行，盒子上的图画也很漂亮。

18

隐秘处更要精致

John Patrick 的吊带衫

以前曾在电视上看过一部跟拍芭蕾舞学员生活状态的纪录片。几乎没有什么工作邀约的她，住在阁楼般窄小逼仄的房间里，怀抱着芭蕾梦想每天去上课练习。影片中，她吃饭的场景令人难忘。汤、面包，玻璃杯里装的大概只是清水，再加上饭后小小一角奶酪……虽然粗茶淡饭，但她仍然坚持桌布整洁、装盘考究，完全像坐在高级餐厅里一样端庄优雅地享用。"一个人的时候，才更要讲究"，那种姿态，超脱而又美好。

在别人看不到的地方也要花心思，她的这种生活方式，我虽望尘莫及，却也愿循一二。别人看不到的贴身内衣，我选优质隽品。心灵层面的贫富也由此体现。

John Patrick 的吊带衫不仅质地上乘，
还以其时尚感而独具魅力。
不仅穿着舒适，更带有华丽氛围。

19

雨天就穿Weston的Glof

J.M.Weston的高尔夫德比鞋

　　到巴黎出差时，遇上了连日阴雨。

　　我每天在工作的问隙，逛逛古旧书店、随处走走，走累了就进咖啡馆休息。有一天，下着冷雨，我在咖啡馆要了杯热奶咖暖身，突然想起自己曾有过要到巴黎去J.M.Weston(J.M.威士顿)买鞋子的梦想。当时年纪尚轻，在时尚杂志上看到"下雨就穿Weston的Golf"这样一句话，觉得非常帅气有型，不由向往。并且了解到巴黎的时髦男子在雨天不穿雨靴，优雅的J.M.Weston里一种叫作Golf（高尔夫）的橡胶底德比鞋才是他们的选择。

　　J.M.Weston的店面位于凯旋门近旁，我用只言片语的有限法语单词，顺利地买到了一双Golf。出了店门，雨已停歇。

这把折叠伞征服了不喜欢雨伞的我。
虽然略重，但其扎实的做工值得信赖。
造型大气的伞柄也令人欣赏。

20

贵在质朴刚健

Traditional Weatherwear 的折叠伞

一直不喜欢打伞。

下雨的时候打伞倒还可以忍受，雨停了之后，雨伞变得碍手碍脚，非常不方便。所以我尽量不带伞地生活着。

下小雨时可以浑然不觉地行走在雨中。如果遇到让人变成落汤鸡般的大雨，我便会找地方躲避。有时是在别人家的屋檐下，有时是跑进眼前的咖啡馆。

忘记何时，有次没打伞冒雨等交通信号，被陌生路人邀至其伞下，直至红灯转绿。如果对方是男性，也许会是情愫顿生的一瞬间吧？很遗憾，对方是跟我同龄的女子。虽然只有短短三十秒，她的善意体贴却让人感动。一定是因为这位温暖的路人，让我从此觉得雨伞也是好东西。

21

物以类聚

Fox Umbrellas 的雨伞

古玩也好，各国的器物也好，无论日本风格还是西洋风格，混杂在一起也能达到和谐的效果，关键就是将它们统一在同一个品第。品第即等级层次。在衣食住的搭配当中，我的体会是，门当户对的结合是非常重要的。

譬如从英国的Fox Umbrellas雨伞考虑搭配。试着将外套、衬衫、包袋、裤子和鞋在同一层次内选用。果然，有品位的谐调感油然而生。

另外，使用英国雨伞还必须具备一项本领，那就是漂亮的卷伞手艺。在英国，雨伞往往也发挥着手杖的作用。为此，大家都会努力练习卷得一手漂亮伞。

大约年产 15000 把。
从布料的裁剪缝制，一直到金属伞骨的组装，
全部工序都由熟练的工匠手工完成。

22

女人的排场

不喜欢雨伞的我，却爱阳伞。

这种矛盾我自己也不能准确说明，但是跟免受紫外线伤害等实用的理由比起来，撑着阳伞外出的那种优雅举止恐怕更吸引我。雨伞总让我觉得是个累赘，阳伞却丝毫不会给我这种感觉。

"那是女人的排场吧"，当听到有人这样说，我禁不住拍案叫绝，对呀！女人有时候是需要排场的。

在我好几把阳伞当中，最美的当属这把Fox Umbrellas阳伞。Fox Umbrellas创建于1868年，是作为"伞中元老"一直延续至今的品牌。伞面的蕾丝美得无法言喻，连吊穗和竹制的手柄也美得动人心魄。

23

头发两周一理

　　理容店我基本上两周光顾一次。而要出席某些活动的时候，我会在那之前的一天去理容店，这样算起来，有时一个月会光顾三四次。所谓理容，就是整理仪容。一个"理"字，颇有打磨之意。

　　定期去银座的米仓理容店，已经五年了。发型是米仓先生为我设计的，跟一开始去的时候有些微妙的不同。大概米仓先生那时一直在尝试最适合我的发型，而一年之后，经过各个细微处的修整，终于变成了今天这样属于我自己的发型。

　　不饮酒不嗜赌也没有夜生活，这样无趣的我，两周一次在米仓理容店和米仓先生聊聊音乐、经济和文学，几乎是唯一的放松方式。

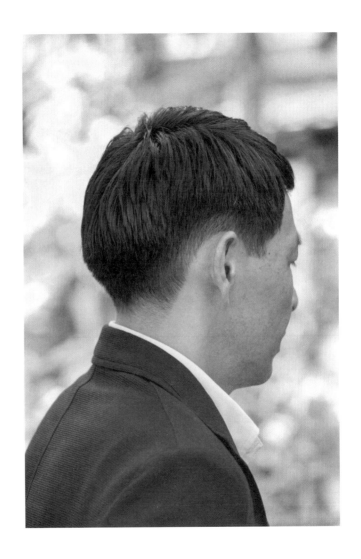

24

自身的修饰

让身为女人的我也不由得爱慕的女子，总是那种修饰得体、身姿挺拔的人。

比起脸蛋和身材，这才是能真正体现女性美的关键。

2008年以一百零一岁高龄仙逝的翻译家、作家石井桃子女士曾说过："从事与小孩子相关的工作，首先要穿色彩明亮的衣服。"她每周理一次头发，平时对自己的装束也是一丝不苟。正是有这样的用心，才让她得以将凛然高贵和端凝贤淑的气质集于一身。

现在我是两周一次，而我计划待到自己五十岁的时候，也像石井女士那样，每周光顾一次美容店。

25

有梦想的外套

Hermès的外套

　　跟休闲的美式传统风格比起来，我更想找到一件优雅的质量上乘的棉质真丝外套，却久寻不得。可就在前几天，终于在Hermès发现了它。

　　它是一件无肩垫、无衬里的单层西装。简洁的三颗纽扣是整个设计的亮点。这件棉质真丝的藏蓝色外套既可休闲搭配，也适合工作场合穿用。Hermès果然不同凡响。

　　以前曾参观过名为"Hermès之家"的展览，其家具设计得优美典雅令人折服。当时朋友告诉我，Hermès还做过游艇。家具已如此出色，我不禁开始梦想Hermès做出来的游艇之美。

　　怀抱着这样的梦想，我将手臂穿过了Hermès外套的衣袖。

轻盈得令人难以置信。
当阳光洒在这件外套上时，
棉质真丝熠熠闪光。

26

夏日之选

Marni 的连衣裙

　　就像一到春天就想买白衬衫一样，夏天临近，似乎就会想要白色的连衣裙。为什么要像局外人一样用"似乎"这个词呢？本来连我自己也完全没有察觉到，直到某天，在整理换季衣服的时候，看到一排清一色的白色连衣裙，我才意识到这一点。

　　选购白色连衣裙是为了在特别的日子里穿。大多是柔和随体的无袖款式。我喜欢可以搭配高跟鞋的经典设计。特别的日子，在整个夏天里也不过一两天，所以实际上它们很少出场。但对我来说，拥有便是快乐。这条Marni（玛尼）连衣裙就是其中之一。

　　美丽的裙褶加上可爱的腰部花边，唤醒你的少女心。

27

未成年人不宜

Corgi 的棉袜

　　我的贴身物品大多是意大利或者英国制造，年轻时候则多用美国货。因为对那时的我来说，意大利和英国货价格昂贵，再加上了解甚少，故敬而远之。不知从何时开始，我开始寻找一些真正意义上的好东西，慢慢地，可以心平气和地选用意大利和英国货了。也可以说自己那时真正开始成熟了，而很多意大利和英国的产品，如未成年则难以驾驭。如果比喻成美国棒球帽和英国狩猎帽的区别，是不是更容易明白一些呢？袜子我选穿英国的Corgi。穿白袜也可以显得不孩子气的，关键就在于它的质地和做工吧。Corgi的白袜绝对不适合孩童。

52

选了白色、灰色、卡其色三种颜色。
商标和皇室认证字样也配置巧妙。

挂扣部分写有我的名字"まさこ（正子）"。
雪白的足袋，使和服装扮的气质更加脱俗。

28

扮美始于足下

向岛meugaya 的足袋

在街上看到身着和服的女子，我会不自觉地看向她的足部。不看腰带，不看和服花色，也不是看衣料质地，我看脚。

只要穿着雪白的十分合脚的足袋，那么已经事半功倍。品味、洁净、雪白度，白色的木棉足袋可以满足这所有要求。人们也常说，扮美始于足下。

若逢重要场合，我总会取下一双新足袋穿上。每当双脚套进崭新的足袋，心中就会升起一股崭新的力量和精神与之呼应。而每当穿了一双，我就会再新买一双。只要和服衣柜中有绑着向岛meugaya纸封带的足袋，我就无比安心。

29

漫步在冬季的纽约

Moncler Gamme Bleu 的绗缝外套

在寒冷的冬日，最幸福的莫过于踏踏实实地窝在温暖的屋子里。可是，有时候不得不外出。无论如何也要外出的时候，我会在大衣里面穿上Moncler Gamme Bleu的绗缝外套。它的特点是样式简洁且保暖性极佳，穿着它在纽约街头漫步一整天，继而坐在中央公园的长凳上跟朋友言谈片刻也丝毫不会感觉到冷。说到中央公园，在园中长凳上，钉着一些以募捐形式购买的牌子，每个都有署名且刻有留言。仔细看看，有的记录着在这条长凳上向女友求婚的经历，有的叙写着在此听到了美妙悦耳的鸟鸣，有的表达心底的谢意等等，有很多美好的语言。

我也想有朝一日在长凳上钉上属于自己的小牌子。

30

披在和服外的毛毯

Johnstons 的羊绒毛毯

没有比裹在柔软得近乎融化的毛毯里睡觉更幸福的事情了。在寒冷的冬夜，蜷在床上用这样的毛毯包裹住自己，恍惚变成了一头埋在熊妈妈怀里安然熟睡的小熊。

家里有好几条Johnstons羊绒毛毯。都是灰色的，但即便同样是灰色，其间也有微妙的色差。不用毛毯的季节，就会送到洗衣店，洗好之后规规整整地叠起来，按照颜色的深浅排序，收纳在卧室的衣橱里，渐变色的收纳使我乐在其中。因为是毛毯，所以尺寸都比较宽大，可实际上还可以当作披肩使用。对半折一下，披在和服外面，可以从从容容地将和服褂和腰带全部遮住，格外暖和。和服外面大衣的选择，多年来一直是令我头疼的悬案，有了毛毯，一切迎刃而解。令我骄傲的毛毯，也是让我自豪的披肩。

31

夏日里赤足而履

Gucci的马衔扣轻便鞋

　　Gucci(古驰)创始人古驰欧·古驰的经历非常有趣。身为翡冷翠一家草帽公司公子的古驰先生，因向往着去伦敦发展，而以船员的身份登上了一艘开往伦敦的蒸汽船。到达目的地之后，他在萨沃伊酒店（Savoy Hotel）找了份洗碗工工作。经过努力，升职为酒店接待，从那时起，他耳濡目染出入酒店的王公贵族们的衣着品味，渐有心得，集获了宝贵经验，人生就此改变。他意识到给人们提供奢侈品的乐趣也可以成为一种事业，于是在翡冷翠，他创立了顶级皮具工厂和店铺。

　　Gucci在1953年发布的皮鞋，是用马具做装饰的马衔扣轻便鞋。一到夏天，我便想赤足而履。

32

选鞋的条件

Repetto 的丁字鞋

即使有一天，鞋子的世界流行趋势是偏男性化的风格，我想我也绝对不会跟从。我希望自己的脚上，一直是很女人的、可爱的鞋子。

位于巴黎歌剧院附近的Repetto（丽派朵），里面摆的全是合乎我理想的鞋子。在店里，与梳着发髻的芭蕾舞者们擦肩而过，选择自己心仪的鞋子（很惭愧的是，我只有在心理上可以做个芭蕾舞者）。最近看中的是这款漆皮的丁字鞋，红色，7公分的鞋跟可以使你的腿看起来十分美丽。对于衣服多是藏蓝、灰色、黑色的我来说，红色的鞋子是搭配的亮点。即便是配白色T恤和牛仔裤，它也会将你衬得非常女人，让人欣喜。

33

用心织就的针织衫

YURI PARK 的羊绒衫

这件针织衫的好，一目了然。

以前我最好的苏格兰产的针织衫与之相比，高下立见。

它是YURI PARK的羊绒衫。在米兰一间小小的手工作坊里，有一位从事编织的阿婆，从见到她那天起，我就开始与YURI PARK的羊绒衫结缘。在作坊里，从过去到现在，每件羊绒衫都一直是由手工横编机认真地编织出来的。它不是靠头脑而是用真心织就的针织衫。抚摸着它，就会感觉冬天有它足矣。

品质上乘，指的不是技术，而是从内心传达出来的一种体贴。

每年一点点添买，久穿略懈的就拿来日常穿用。
易招虫子是上佳的天然质地的证明，
所以更要悉心保管。

34

日常随意穿羊绒

女儿年幼时，有次见她抓着我的羊绒披肩，脸蛋贴在上面很享受地蹭着。我禁不住感慨：小孩子果然诚实而又直接。

随着她渐渐长大，有时会提出要借穿我的羊绒衫或者羊绒披肩，我对某友提及此事时说："对小孩子来说，羊绒太奢侈了吧？"谁知这位针织衫设计师朋友却说："怎么会！早些让她了解好东西是多么难得的事情啊！"我恍然大悟。

所以在我家里，羊绒衫是日常着装。素净的圆领羊绒衫，完全被当作T恤一样穿用。只要认真地手洗就好了。羊绒衫贴身穿着，感觉身体也获得了自由。

能够气定神闲地度过严冬，多亏有了羊绒衫。

35

关于护肤

Aēsop 的护肤品

去纽约的时候，在东城区的商场里会批量购买Aēsop。如今在日本也终于可以买到了，方便了很多。

每天早晨，不用闹钟叫早我都会五点起床。慢跑一小时（10公里）回来，淋浴。刮完胡子之后，我会用Aēsop的须后水和爽肤水。

我的一位关系亲近的皮肤科医生曾说，男性也需要进行洁面和适当的保湿，最好还要防晒。听从医生意见，我也开始注意皮肤的护理。据说皮肤的老化几乎都源于紫外线的伤害。医生忠告："长跑的时候，一定要涂上防晒。不只是脸，脖子、耳朵的前后也都要仔细涂抹。"

Aēsop也经常被我当作礼物来馈赠亲朋好友。

36

日日使用必择优品

Chanel 的化妆品

　　候机的时候为了打发时间，逛了逛化妆品店，就这样随意地逛到Chanel（香奈儿）店，买了支天蓝色的指甲油。试着涂在脚趾甲上，竟然惊艳。它上色均匀涂抹顺畅，就连我这样不常美甲的人都可以操作自如。天蓝色对我来说是一种冒险的尝试，它出人意料地衬托肤色，优雅有品，使我对它一见钟情。

　　那次的旅途，我都不记得自己被赞美了多少次！甚至多次在路上被路人询问："什么牌子的指甲油？"我回答说"Chanel"时，对方颔首称赞："难怪！不愧是Chanel。"这样的评价多到令我惊讶。从此以后，美甲妆品就决定用Chanel。后来有一次，旅行在外发现自己忘记带彩妆品，借此机会跑到Chanel店里买来粉底、睫毛膏和唇彩等一套备急。在那以后，我就彻底变成了Chanel化妆品的忠实粉丝。

37

选择随体的衣服

Paul Harnden 的上衣

与自己身体契合的衣服是最美的。

一般说来，要想让衣服契合自己的身体，至少要穿用两年。到第三年时，在某一天，你会突然觉得这件衣服好像吸附在身体上一样，如此契合。

质量上乘的衣服穿旧了之后，自然而然生出一种盎然古意。而质量低劣的衣服旧了就只有旧了，甚至有很多衣服只洗一次便价值减半。

也许衣服跟房子和汽车类似，分为时间与价值成正比和成反比的。我倾向于买那种随着岁月的增长而不断增值的东西，尽管买的时候价格会很高。

这件穿了五年多的Paul Harnden外套，已经成了我肌肤的一部分。

棉麻外套。
穿着随意完全可以不在意起皱，
所以旅行时也大派用场。

38

因没有而定做

伊藤组纽店的组纽

和服的道路无穷无尽，超乎想象。

虽说没有必要勉强，但我还是愿意尽力而为，一点点来备齐做工精良的各种配件。

一位我很敬重的朋友送给我一条腰带做礼物。她看到我的和服装扮时说，也许这条腰带很适合你。仔细询问，才知她是将自己非常珍爱的一条腰带染新以后赠与我。我欣喜不已，恨不能立刻就系上它。可是，一时没有合适的带缔来配。没有的东西不妨去定做，我带着这条腰带跑到了京都的组纽店。

过了一些时日，店里的人通知我说："做好了。"

这是一件从配色到编织，每一个细节都跟店家商讨之后定做的、专属于我的原创品，怎能不让我钟爱有加？

39

领带从素

Luigi Borrelli 的针织领带

　　领带我只有纯色或者斜纹两种。颜色几乎都是藏蓝。我愿系朴素的领带，反而对面料十分苛求。虽然朴素，我却一直坚持选择优质面料。

　　平常我总是系意大利拿波里的领带品牌Luigi Borrelli（路奇·博雷里）的针织领带。Luigi Borrelli的针织领带与其他品牌相比，能打出更漂亮的结，针织质地的面料感优越，编织密度恰到好处。近乎于黑色的藏蓝是我所爱。最近，Luigi Borrelli也推出了窄幅领带，但是针织领带的宽度介于窄幅与常规之间，不必再做他选。

　　旅行在外，我只带一条Luigi Borrelli的针织领带。

40

春日芬芳

Guerlain 的熠动香水

正值五月初旬。打开窗户，躺在微凉的地板上，闻得到院子里飘来的春天气息。冬天里紧缩着的身体，就这样一点一点地放松了。我爱这个季节。

漫步于银座百货店的化妆品卖场，不知何处飘来一缕五月的芬芳。吸着鼻子寻味溯源，最终出现在我面前的是这款Guerlain(娇兰)的熠动香水。

"熠动"大量使用了紫罗兰，配之以鸢尾，还有若隐若现的浆果气息。自然而然带有奢华的女人味。听介绍说，用香人的体温，或者时间的变化，香型也会随之发生变化。我马上有了试用的念头。

有了这支香水，我就能一直感受到春天的活泼气氛。

根据每天的心情选择不同的香水。
偶尔有必要作出"不用香水"的判断。
喜欢配合时间场合，得宜用香。

関于成年人的装扮

扮美的首要条件是格调品味——
尺寸感与洁净至为关键

松浦　伊藤女士总是打扮得很美，非常的有品位。

伊藤　松浦先生才是。我一直很佩服的是松浦先生对服装的尺寸把握。衣服总是非常合体。

松浦　谢谢。随着年龄增长，男人会越来越偏爱舒服的穿着。所以总是会买略大尺码的衣服以图舒适。久而久之，穿着很容易变得随便起来。可以说像个幼稚的孩子。我总是想，到了这个年龄，如果还是T恤衫、牛仔裤加运动鞋装扮的话，合适吗？

伊藤　我身材矮小。很难找到尺寸刚好的衣

服。肩部和袖长如果不合适，衣服就会显得松松垮垮，有碍观瞻。为避免这样，我总是会拿去修改，或者去找适合自己尺码的品牌。

松浦 只要尺寸合适了，看起来就精神利落，心情会很好。

伊藤 是啊。我觉得精神利落非常重要。

松浦 现在总的来说休闲风格非常流行，但流行跟着装品味是两回事。服饰中可以稍微加些流行元素，但是对于成年人的装扮，比起流行，品位格调才是需要优先考虑的事情。

伊藤 真的是这样。年过四十，对于品位格调就会非常有感触。精神利落的仪表要比各种装饰重要得多。只要端庄得体，就不会给别人以不快感。所以，我两周去一次美容院。

松浦 我也是两周去一次理发店。有种说法是一看头发二看姿态三看脸。所以头发应该是决定一个人品味的首要因素吧。

伊藤 深有同感。比如在电车里，经常会看到让人感觉只要在头发上再下点功夫就可以更加漂亮的人。头部护理，不是发型或者头发的颜色适合自己就可以了，还有日常的修护打理。这也不仅仅指头发。

松浦　因为从头发和皮肤上可以看出一个人的生活状态。有时与从事服务业的人交流，我曾经问过，你们最注意看的是客人的哪里。对方回答："皮肤。"据说无论男女，皮肤是最容易暴露其身份层次的。而且皮肤不是短期内可以变美的。

伊藤　啊，皮肤？好可怕！

松浦　对于他们来说，必须要判断对方是否可以成为理想的客户。所以当听说关注皮肤，我也不得不佩服他们的聪明敏锐。因为高级的西装或者手表可以马上买来穿戴，而美丽的头发和肌肤却不是靠一天两天的护理就可以得来的。

伊藤　这个我可要记住。这么说来，这次的优质好物里面也推荐了不少护肤类产品呢！

松浦　馨香宜人的香皂和沐浴油我非常喜欢。在卖场看到的时候，我还喜欢要求闻一闻。

伊藤　我一般不太会，总觉得不

好意思。

松浦　女人也许会这样吧。我是
个什么都想知道的好奇的人。

伊藤　但我非常喜欢使用。

松浦　是啊,而且这种东西最高
级的也不会贵得离谱。是稍作努
力就可以买下来的轻奢品。

伊藤　是的,所以当想到它们是
可以让你放松让你心情舒畅的物品时,就更加喜欢了。

松浦　展现自信的洁净的头发和肌肤,就是完美的装扮。

伊藤　同意。

左両件・伊藤　　右両件・松浦

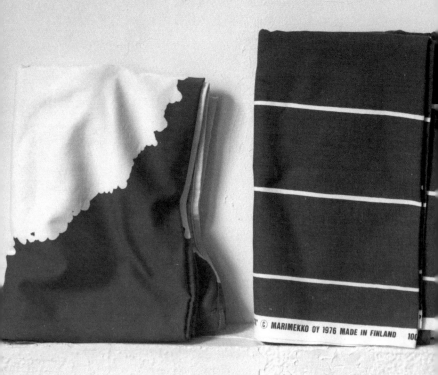

© MARIMEKKO OY 1976 MADE IN FINLAND　100

丰美餐桌

两人都认为，用上好的食材悉心烹调，就会足够美味。再配上自己心仪的餐具和桌布，让用餐变成一种乐趣和享受。以这种选择来体现自己的个性审美，是很有趣的一件事。

41

为自己铺开桌布

Marimekko 的复古桌布

　　和纸张一样，古旧的布料，具有质感的魅力。

　　收集Marimekko的复古桌布，起初是为了拍摄《生活手帖》杂志所用的料理图片。九年前开始改版的时候，没有多余的预算请专门的家居设计师。家居用品虽然可以租用，但是很容易跟其他杂志撞车，而且，租品里也没有我特别中意的。所以，拍摄时使用的餐具和桌布，全都是我自己准备的。现在有幸的是预算宽裕很多，用不着贡献出自己的私人物品了。

　　假日的午餐，有时我会在宽大的餐桌上，铺上Marimekko桌布。在为自己铺开的桌布上用餐，别有一番滋味。偶尔我也会翻过面来铺。

　　桌布反面的图案与颜色也很美。

42

新鲜却又亲密

Marimekko 的复古桌布

只须轻轻铺上这块桌布，整个世界都会焕然一新。毫不夸张。Marimekko的桌布具有这样的魔力。

大胆的图案设计和配色，每每初见都会让你大吃一惊，但不久当你的眼睛适应之后，渐渐地甚至会变得亲密起来。它在我以北欧家具和器皿居多的家里，可谓如鱼得水。

如果有机会，不妨看看桌布边沿，录有设计时间、设计师的名字、图案名称。文字的字体和配色美得令人叫绝。

43

因对话而相识

小谷真三的玻璃樽

对你来说，什么是充实的生活？你认为美的生活是怎样的？在盛冈的光原社初次见面时，位于仓敷的小谷真三先生制作的玻璃樽这样拷问我。真是不可思议。世上万千事物，会这样问话的，我几乎未曾遇见。从光原社请了它出来，回家的路上，我愈发觉得这是一场与美好事物的神奇邂逅。是的，事物当中也包括人。我不由得想象它像一个朋友一样，静坐一旁与我微笑相向的画面。在空荡荡的房间里，我端端正正地摆上了这件小谷真三的玻璃樽。以此出发，来思考生活中真正需要什么，不是很好吗？

我正在思考什么样的东西可以成为小谷玻璃樽的好朋友。

静立一隅完全像个有生命的人。
阳光下更加美丽。

44

良时善度

古伊万里的向付

　　散步时，顺路到古董店去逛了逛。这是一家我偶尔会造访的店铺，与店主交谈也很愉快。和往常一样，我一边和店主闲聊，一边四下张望，当我的视线落到架子上摆的一排白色小碗时，再也不肯挪开。

　　一问才知原来是店主珍藏多年的器物。最近突然想出手，刚刚才摆上架。我想都没想脱口而出"我要了"。

　　真美。不仅仅是外观，它们存在的本身就很美。颜容尊雅。据说这是江户时代中期的物件。流逝的岁月将它们浸染得恰到好处，那种高贵无法言表。我渴望自己有一天也能变成这样的老婆婆。

45

用作茶海的『露西·里尔』

露西·里尔的陶罐

　　我一天只喝一杯咖啡，其它时候都饮茶。我喜欢中国茶叶，选择其中半发酵的被称作青茶的品种。在中文里，青指的是接近黑的蓝色。乌龙茶就是青茶的一种。

　　在中国的茶具中，有一种叫作茶海的器具。像水罐一样，用来盛放茶壶里倒出的茶汤。使用前要先用开水烫热，再将茶壶里泡好的茶汤全部注入其中，以使其浓度均一，之后慢慢品味。

　　某天，我一时兴起，将陶艺家露西·里尔（Lucie Rie）的带手柄陶罐用作茶海。无论大小还是方便度都刚刚好。它内壁的青釉色与茶汤色交相辉映、瑰丽净美。另一个杯沿带有鹰嘴的陶罐，被我用来泡花草茶。因为没有杯盖所以不能焖泡，但是使用新鲜花草的时候却非常方便。

46

宛若掌心的茶碗

内田钢一的抹茶碗

在心情杂乱精力无法集中的时候，我便会停下手中的工作，将盛好水的铁壶点上火。之后便守在一旁直到水开。当水咕嘟咕嘟开始沸腾，适才的杂乱心境开始略有平复。

那时候喝的不是咖啡，也不是茶，而是白开水。盛具用的是抹茶茶碗。将烧好的开水先倒进鹰嘴杯，微晾，然后注入茶碗。热水的温度透过茶杯的杯壁传到我的手掌。当热水流过喉咙，之前的烦躁也随之消失得无影无踪，此时心情完全平静下来，简直是难以置信的神奇。

双手捧着这茶碗，递到嘴边的时候，有一种手捧醇美的山泉水在喝的错觉。

在陶艺家的个展上选好茶碗时，
茶碗作者说："选的像你脸颊的颜色呢。"
真的是因为心仪它衬托肤色的淡淡桃红而选，
被一语道破不由欣喜，
不过他一定不记得自己曾这样说过吧。

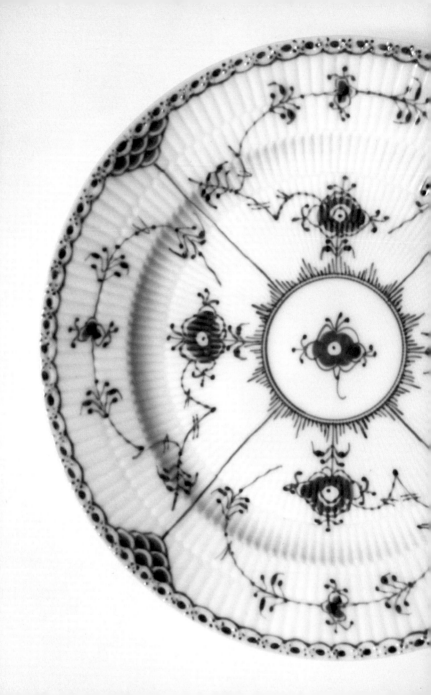

47

丹麦的手工

Royal Copenhagen 的唐草餐盘

　　据说唐草纹样最早起源于中国。我也知道它是1775年诞生于丹麦的Royal Copenhagen（皇家哥本哈根）瓷器中最早使用的图案。在世界上为数不多的唐草器皿中，我最喜欢的就是Royal Copenhagen所出的颜色和图案。

　　想到自己现在使用的盘子，两百年来一如既往地制作，不仅是爱惜，更能感受到从传统和历史中诞生的夺目之美。手绘的图案栩栩如生。也正因为是手工打造，所以件件不同，更添魅力。

　　还有一种边缘镂空设计的全花边唐草，有朝一日我一定会买来用。

48

刀具之美

Laguiole 的切肉刀

　　这款法国Laguiole（拉吉奥乐）的切肉刀组，是母亲送给我的礼物。我在母亲家看到这组刀具时候的艳羡之情，母亲一直记得。

　　我着迷于它的锋利切工。单单看它那优美的外形已经令我沉醉。它们不仅仅是作为"切割"的一种工具，还非常性感。我爱美丽的刀具。

　　在那之后，去法国旅行时，我先后给父母买过沙拉取用叉匙和奶酪刀。

　　实际上是我自己更想拥有它们，但对于当时还年轻的我来说，它们的外表有种我的餐桌难以承受的厚重。在我心里，一直盼着有那么一天，母亲会说："都传给你吧。"

49

「开饭啦」四寸半草花纹碟

「开饭」碟

向田邦子的随笔《开饭啦》，深深地吸引了我这颗古董迷的心。江户时代，向乘船来往于淀川上的乘客们吆喝兜售饭食的小船，叫作"开饭船"。在"开饭啦——，开饭啦——"的叫卖声中，客人如果有意购买，便会从客船上吊下篮子，卖家将装着饭菜的碗碟放进篮子即可。吃完之后，客人将空碗碟丢进河里。过后卖家会从河底捞起继续使用。这些"开饭船"的商家所使用的，摔了也不会破的结实的瓷器，就叫作"开饭啦"。喜欢古董的向田邦子在随笔中记述了她爱用的"开饭"小菜碟。

将煮羊栖菜盛进"开饭啦"碟子里，仿佛能听到"开饭啦——"的吆喝声。

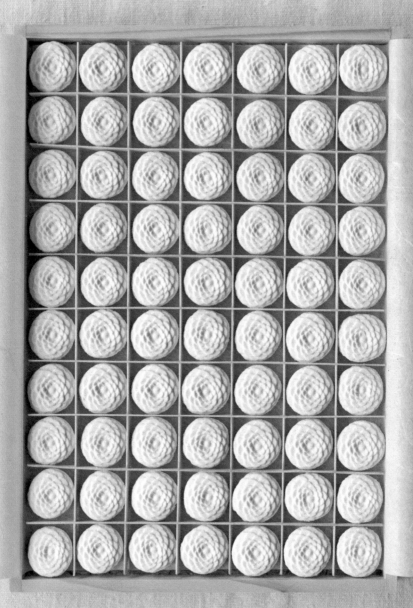

50

纯白的淡雅

键善良房的菊寿糖

　　信步神保町，我发现了一本叫作《落雁*》的书。除了做法，还记载了所有落雁的木模和相关历史文献，弥足珍贵。

　　看到京都键善良房的菊寿糖也被载入其中，不由欣喜。我第一次见到这个有着一百五十年历史的菊花形糖果的时候，觉得京都真是个了不起的地方。坚守传统文化，不忘初心地制作如此美丽的东西，令人心生敬意。

　　每次去京都，我都会去键善良房吃些葛粉，再买些菊寿糖带走。一般是给自己一盒，再买一盒做礼物，送给之前关照过我的人。打开盒盖的瞬间，出现在眼前的是木盒子里排列严整的素白菊花，观者无不欢声称赞，又使我平添一份喜悦。

---

* 落雁，日式干果子的一种。用糯米粉、炒大麦粉、豆面等加白糖揉和后用模子压出花形。

51

可插花的玻璃杯

Baccarat 的哈考特杯

　　Baccarat（巴卡拉）的哈考特杯，因1841年法国国王路易·菲利普一世的定制要求而诞生。切割成六角柱形的杯体美轮美奂，厚重的杯身握在手中有一种令人内心笃定的神奇魅力。

　　多年以前，在找小花瓶的时候，发现了Baccarat的哈考特杯。我也不知道为什么会一眼看中它。做为单枝花瓶高度略显不够，但是插进剪好的花枝，在窄小的地方做装饰点缀，再合适不过。

　　倒是从来没用它喝过饮品。

52

优美侧脸

Riedel 的侍酒师系列酒杯

葡萄酒杯平常都用Riedel（醴铎）的宫廷系列（Vinum）。该系列功能性强、品质优越，而且价格适中，是机器制造出来的杯子。另外，又专备了一套醴铎家族的第九代侍酒师系列自用，用来喝上好的葡萄酒。这是在奥地利醴铎公司的工厂里，熟练的匠人用手工打造出来的杯子。

侍酒师系列（Sommeliers）根据葡萄品种的不同，为波尔多、勃艮第、蒙哈榭、苏玳酒等设计了不同形状的酒杯，我最常用的是勃艮第。理由很简单，我喜欢勃艮第葡萄酒。优美的侧脸和握住杯脚时的触感，以及醇酒入喉那一瞬间的心跳，尽善尽美。

微微外翘的杯沿
可将葡萄酒送往敏感的舌尖，
带来极致的味觉体验。

53

久寻而得的茶托

光原社的漆茶托

我从不会因为没找到合意的东西而暂且以其他东西凑合。退而求其次买到的东西，并非真心所爱，一旦遇到心仪之物立刻会被抛弃，反而是一种金钱上的浪费。

在盛冈的光原社看到这款漆茶托的时候，实在是开心。因为很久以来，我一直在寻找合意的茶托。据介绍，这款设计以仿古为构思，既能用作茶托也可当成小碟。圆加方的图案甚好。

去蚁川工房的蚁川喜久子女士家里做客时，我看到对方用跟这一模一样的茶托端出待客茶，不免欣喜。已经用了很久的漆色颇具古意。"好漂亮的茶托啊！"我由衷赞道。蚁川女士微笑颔首。至于拥有同款茶托一事，我未曾提及。

从上逆时针方向分别为清漆的栗谷托盘
、栗十二角托盘、
和仿二月堂练行众盘、铁制的朱漆圆目托盘
越用越顺手

54

托送特别的气氛

佃真吾的托盘

　　有时对已经习惯了的餐桌，也会想为它打扮一番。安和静稳的日子固然不错，新鲜活泼的每一天也必不可少。为此可以试着换一换桌布，不过还有更简单的可以改变气氛的物件，那就是托盘。

　　你可以将酒壶和酒杯，还有盛着零食小吃的小碟，玲珑安置在托盘上。也可以把斟有红茶的茶杯配着曲奇放入托盘中。还可以在托盘里铺好叶子，再摆上寿司。就像这样，托盘除了"装运"之外，还可以发挥餐垫一样的作用。

　　在展览会上，我中意的作品很多都是佃真吾制作的。因其做工考究，所以虽然价格不便宜，但是用起来却非常舒服。我还想拥有一个不同款式的托盘。

55

男人的料理

霍特·豪斯·房子的《咖喱秘传》

咖喱本来是一种非常复杂的要下功夫来做的豪华美食,而不是散漫的一句"今天就吃咖喱吧",或是"要是咖喱倒方便做"这么轻描淡写的事情。这是《咖喱秘传》中我最喜欢的一段。

霍特·豪斯·房子女士的咖喱,要从吊汤开始,做一次至少需要花费半天的时间。咖喱不是随随便便就可以做出来的简单食物,而应该是这样一种美食:它会让人拿出决心说,好,今天可是要做咖喱的哟!霍特·豪斯·房子女士还说,咖喱是适合男人的料理。

我曾有幸得到房子女士亲自传授咖喱做法的机会,完全按照她的菜谱。何为"豪华",通过这次实践,我有了深刻的体会。那天做的咖喱,于我是世界上最美味的咖喱。

Kappa Homes

カレーの秘伝

これこそ最高の家庭料理

ホルトハウス 房子

SEAFOOD

Cream Cheese

CHICKEN

56

环游世界的美食之旅

时代出版社的《世界料理全集》

法国、南美、加勒比、西班牙、葡萄牙、斯堪的纳维亚……有了这套料理全集，好似随时随地可以周游世界。随时随地都可以用眼睛来品尝世界各地的美食。

通过书中的料理，你可以了解到那块土地的文化和历史，其中趣味无穷。随意翻一翻，就会突然产生想站在厨房里大展身手的欲望。从照片到文字，美味溢于纸上。

这套丛书1972年发行，虽也算年代久远，但却博古通今。比如你如果忘了洋蓟的处理方法，只要翻到《法国料理》的第161页，就会看到详细的说明。美味的基本法则经年不变，它是一辈子的教科书。

每个书盒套中都装有配照片
和文字说明的硬皮精装版和小的螺旋
装订版（大概是考虑到会在厨房使用）两本书，
非常方便实用。

57

我的老师

《收音机酒吧的鸡尾酒手册》

书写青春时代的回忆，手边总会放着《收音机酒吧的鸡尾酒手册》。

搬家后，在书橱最显眼的位置，摆着这本书。

失眠的夜晚，轻轻翻开的书页，属于这本书。

送书给最喜欢的人，也一直都是这本书。

对于没上完学的我来说，《收音机酒吧的鸡尾酒手册》是一位教给我很多东西、温和而又不失严格的老师。

58

迷失在泡沫中

在自己最好的状态下，喝由最出色的酿酒师酿造、保存状态极佳的香槟，其味道无与伦比。当细腻的泡沫滑过喉咙，不由感叹人生至福不过如此。

Jacquesson（雅克森）的香槟是住在巴黎的朋友介绍给我的。可称为著名的库克香槟的鼻祖。"倒进杯中时，气泡的爬升真的很美吧。"朋友带着痴迷的目光说道。和我一样，她也是一个被香槟征服了的女人。

不可思议的是，每当我喝完一瓶，总会有谁再送来一瓶。有时是朋友从法国回来的伴手礼，有时是我的生日礼物。

真爱强烈，自然会传达给旁人。

素雅的标贴也很迷人。
它不只是收受，也是馈赠佳品。

伊藤　如果使用上好的食材用心烹调，就可以做出美味佳肴。咱们聊聊这个话题吧。

松浦　是啊。如果不加选择，那就彻底会变成对什么都毫不在乎了，在吃的方面也是一样。

伊藤　真的是这样，特别是在年轻的时候。但是随着年龄的增长，通过自己亲手烹调实际感受过，想法就会发生变化。因为肌肤和发质也是可以通过食物得到改善的。

松浦　吃是重中之重。而且越是用心制作的菜肴，吃起来就越能觉出美味。再配上映衬美食的餐具和烘托气氛的桌布。只需这样，就可以心满意足地度过用餐时光。

伊藤　在这方面我真的想建议大

家，一点点循序渐进地，备齐自己真心喜欢的基本厨房用具、器皿和刀具等，感觉自会不同。哪怕从一只饭碗、一只汤勺、一个盘子、一双筷子开始也好。我有一个刚上大学的外甥，母亲送了他一口Staub的炊锅。我当时觉得对于一个十八岁的男孩子来说Staub未免太奢侈了，但转念一想这是可以用一辈子的东西，不是更好吗？

松浦　多好的事例啊！

伊藤　请问松浦先生，您经常在外面吃饭吗？

松浦　是啊，一般来说平日里会在家里吃晚餐，但星期天的晚上会全家一起在外面吃饭。这是成家以来的惯例了。常去的是附近一家熟悉的餐馆，所以不必拘谨，家人也可以借此放松一下。另外，在时令鲜品当季时，也会去特别的餐厅专门品尝一次。

伊藤　真不错。我一般都是在家里自己做。但是我也非常喜欢去外面吃。

松浦　因为有些一流的餐馆，有很多妙处不亲自体会是不会了解的。关于何谓一流，从年轻时开始，承蒙年长前辈带我到各种餐厅体验，受益匪浅。所以现在我自己出去吃饭的时候，也会带着年轻人一起。

伊藤　在子女教育方面,我总担心自己不能教给孩子什么。后来想到我可以教给孩子关于饮食文化的种种。每天吃的食物、用的器皿,带孩子去信誉好的餐馆和点心店。除了可以让孩子了解什么是真正的美味,还可以教给孩子于彼时彼地的行为举止。

松浦　这就是美食教育呀!很了不起。对优质物品的认知,如果可以边实践边学习,就真的会很快乐。也不用去太多的店,只要定好常去的几家就可以了。

伊藤　法国点心、肉食、葡萄酒等,我都是有固定常去的店家。

松浦　吃的方面,信誉是非常关键的。通过和店家的长期交往,可以建立一种信赖关系。另外,年长的老师也

很重要。

伊藤　松浦先生的老师是哪位呢？

松浦　我的老师，就是Bar Radio（收音机酒吧）的尾崎浩司先生。从年轻时开始，举手投足都是学的他。伊藤女士呢？

伊藤　我的老师，有京都有次的社长寺久保进一郎先生、松本的荞麦屋三城的柳泽衣美女士、法国点心店AU BON VIEUX TEMPS的河田胜彦先生。与他们的相识真的是我的幸运。

松浦　希望有一天我们也会像他们一样。

（左·松浦）铺上Y字椅专用的皮质坐垫，舒适度倍升。

（右·伊藤）选择座椅的时候，最关注的是可否把身体放心地交给它。

还有就是一定要美。莫根森的座椅两者兼备。

舒心生活

忙碌的生活，更需要有一个舒适放松的居住空间。在此我们向您推荐了心仪的椅子、艺术品、书籍等优质生活不可或缺之物。

59

Y椅上的风景

汉斯·瓦格纳的Y椅

汉斯·瓦格纳（Hans Wegner）的Y椅，灵感来自中国的明式家具。瓦格纳于1943年发布了名为"中国椅子"的作品，设计出中国座椅的改良版，经典名作"The Chair"就此诞生。在此基础上，瓦格纳在外观设计和舒适度上不断追求改进，于1950年向全世界推出了Y椅。

Y椅的优点，是无论男女老少使用都会非常适宜。它既可以用作餐椅，也可以用作工作椅，在用餐、读书、休闲、学习等不同场合，尽职尽责地给坐用者提供极大方便。

我之所以选择Y椅，除了它舒适外，还因为在餐厅里摆上Y椅，就是一道柔和、温暖又美丽的风景。

60

来自座椅的呵护

布吉·莫根森的座椅

餐厅里有一张巨大的柚木餐桌，四把瓦格纳的椅子规规矩矩地收在桌下。看起来似乎不错，但是却总有一种"好学生餐桌"的感觉，让人有些不踏实。

于是我买来了布吉·莫根森（Borge Mogensen）的这款扶手椅摆上。新椅子与周围环境一拍即合。原来的四胞胎椅子似乎立即接受了与自己不同形状的两个新伙伴。瓦格纳和莫根森是朋友，似乎他们的作品之间也能够相处融洽。

莫根森的作品，总是有一种亲切的温柔感。不管是外观还是坐用，一直都给人一种被呵护的感觉。

61

令人肃然起敬的剪切感

六寸的本种子剪

　　我一直想要一把种子岛的名物本种子剪。据说它是越剪越磨刃、越用越锋利的手工界逸品。

　　可是，几年前买的本种子剪，无论是剪切感还是使用舒适度，都没有让我体会到传说中的感觉，难以令人信服。

　　然而就在最近，我遇到了牧濑种子剪制作所的本种子剪。无论剪切感还是外观，以前用过的剪刀跟它比起来简直有天壤之别。我终于明白，同样叫作本种子剪的剪刀，也有优劣之分。

　　牧濑种子剪制作所的本种子剪，才是真正的本种子剪。剪开信封口时，刃路自如逶迤。剪刀下发出"唰"的声音，给手指和耳朵带来愉悦的享受。工具里凝聚着第三十七代的冶炼技术，每天使用是一种幸福。

　　剪刀的制作方法，与日本武士刀相同。

Redecker 的刷子单单放着
也不煞风景。

62

清扫工具更讲究美感

Redecker 的刷子

"努力使自己看起来年轻五岁，还不如把家整顿干净来得重要。"这句话，是我一个好朋友说的。难怪，我一直觉得她很美，原来生活方式是相通的。

以她为榜样，只要在家，我就会开窗换气、用吸尘器吸尘、擦拭地板、掸去架子和桌台上的灰尘。

清扫的用具，尽可能以美为上。所以，我花了些时间，一件一件地甄选，以挑选出自己最心仪的清扫用具。其中我最钟爱的，就是Redecker的刷子。当柔软的刷毛轻轻拂去我珍爱的画框和书上的灰尘时，家中变得更为清洁明亮。

63

水彩画具常伴左右

给朋友写信时，会画一些小画在上面，有时来了兴致，还会把铅笔画涂上颜色。从小我就喜欢画画，特别喜欢涂色，喜欢得没道理。它是我忘却时间而自得其乐的一种兴趣。

我用Winsor & Newton（温莎&牛顿）画笔中的7系列。

7系列画笔用的是最高级的貂毛，1868年特地为维多利亚女王谨制。它的笔毛吸水性好，笔头容易掌控更是其显著特征。我用的是一号、四号和五号画笔。

那些随手涂鸦的，都是我桌上摆的一些小物件。

64

旅行必备

便携首饰盒

对于经常出门旅行的我来说,首饰的携带一直是桩苦恼事。很长时间以来,我总是把首饰放在塑料盒子里,可是每次看到自己精心挑选珍重购得的耳环装在其中,心里都很不舒服,十分烦恼。

这两个小盒子是我在一次旅行中,在北欧的一家卖篮子器皿等杂物的生活用品店发现的。小的用来装耳钉耳环,大而平的盒子可以装项链。两个形状不同,各买一个。

此后的旅行,把它们往化妆间一放,除了美丽的样貌,它们周身散发出来的浪漫气息更让我倾心。

拿着它走在路上心情就很好，打开它取出行李也欢喜。
用的时候经常被赞美"很衬你"。（右·伊藤）
带着这个相机包旅行过很多国家。
很多人见了它都称赞是好东西，
所以现在已经成为我的旅行必备。（左·松浦）

65

重要的东西，提手而行

Zero Halliburton 的相机包

旅行海外时，我一定会带上照相机和配套的镜头。相机包我用的是古旧的Zero Halliburton。这种古旧的黑色款式并不多见，是我在伦敦的古董店里淘到的。能够装运陶瓷等易碎物品，极为方便。我看中它可以作为手提行李带上飞机的尺寸。一周左右的海外旅行，提着它，再加上一个装衣服的旅行箱和大号的手提袋就已足够。年轻的时候，我总是尽量追求轻装出发（觉得那样很帅气有型），但是近些年需要考虑穿着得体的正装，所以行李也增多了。

另外，考虑到装的是照相机和镜头，还是不带轮子为佳。

尽管沉重，对重要的东西，搬运还是要亲力亲为。

66

开箱见喜

Globe Trotter 的旅行箱

　　国内旅行，我大多是带手提旅行包，但是由于一般都是开车，所以对于不喜欢提大件行李的我来说，实在是一种负担。偶然跟开精品店的好朋友说起这件事，她便将Globe Trotter的小号旅行箱推荐给我。在时尚品味方面，我对她十分信任，当即去了店里，买到的就是这只藏蓝色的旅行箱。

　　内侧是蓝灰色的衬布。固定行李的是跟衬布同色系的缎带。端庄的外貌搭配气氛不同的内在，有种说不出的可爱和清爽。

　　这个旅行箱，让我比以前更加热爱旅行。

67

为思考而生

中岛乔治的休闲椅

　　每天两次，清晨和深夜的三十分钟到一个小时，是我十分重视的思考时间。把头脑想象成一个小房间，像要整理这个房间的凌乱一样，首先将散落各处的一件件事情仔细审视，区分开需要的和不需要的，把不需要的扔掉，将需要的归拢整齐。这个过程使我的头脑清晰，从而能够更深地了解那些真正需要的东西。清晨和夜晚散落的内容不尽相同，是个很有趣的过程。

　　思考的时候需要座椅，是中岛乔治的休闲椅。我在座位上铺了一个垫子，使本来就很舒服的椅子坐起来更加舒适，思考也能更加深入。

坐垫是请手艺人外村弘先生做的，
冬夏皆宜。

68

触摸大自然

土耳其的古旧基里姆花毯

通过一块很久以前编织的基里姆（Kilim）花毯，对生活样貌可窥一斑。

它有时可以代替桌子，有时可以铺来迎客，有时则是你需要独处时候的容身之所。

凝神欣赏繁复的编织图案以及全天然草木植物染料染出的绚烂色彩，使人不由得想象土耳其或是阿富汗的壮阔富饶的大自然。它触感舒适，所以我总是喜欢裸足在基里姆花毯上行走。

偶尔，我会带着它去野餐。当它在草地上铺开，你会真实地感受到这才是它本该待的地方。阳光照耀下的基里姆花毯，与草木融为一体，仿佛向我们敞开了隐藏在它花色里的秘密，诉说着祈祷、喜悦、感恩和慈爱的话语。

69

存在即满足

伊丽莎白沙发椅

这是一个只需放在那里，就会让四周风景绮丽起来的优雅沙发椅。

1958年，它为访问哥本哈根的英国伊丽莎白女王和菲利普亲王所青睐，此后即被命名为伊丽莎白椅，是丹麦设计师伊布·科弗德–拉森（Ib Kofod-Larsen）的代表作品。

它不只是美在外表，没有接缝的椅垫更使它具有出类拔萃的舒适度。座面和靠背是沉稳的天蓝色。勾画出和缓曲线的实木部分用的是樱桃木。"用久了会变成焦糖色"，这句话让我决定拥有它。

遇见一张想和它一起慢慢变老的沙发，不胜欢喜。

70

裹护双足

小羊毯

位于伦敦东区的大会堂酒店（Town Hall Hotel），外观仍然保持着当初的模样，而内部则装修得时髦雅致，舒适与摩登兼备。我在那里住了十天，度过了一段快乐的时光。

令我印象深刻的是，在宽大的双人床两侧铺着的绵羊皮。晨起时光着脚下床，双足即刻被深深的毛皮温柔地包裹。啊！一件触感优越的物品竟然如此治愈人心。

刚好在那之前不久，在日本从事羊皮原料工作的朋友送了我一块绵羊羔皮。因为小巧玲珑非常可爱，所以一直不忍心踩在脚下。这次回去后立刻铺上了。

我长长地舒出一口气的同时，想起了伦敦那个房间里的和暖温馨。

71

读读看看

亨利·卡蒂埃·布列松的《欧洲》

在周末的午后,选择慢慢地浏览一本摄影集来度过怎么样? 尝试着将一张照片当作一篇微小说来阅读。如此一来,你就可以看到世间百态,藏于内心的某些记忆也会不知不觉被唤起。翻页不必快,甚至在某一页上停留一整天也无妨。或坐或立,在陶醉与恍惚中观赏玩味,是我欣赏照片最爱的方式。

翻开喜欢的一页,放在小桌子上。也许说是装饰在桌上更为准确。不只是一天,连续多日一直放在那里慢慢欣赏。亨利·卡蒂埃·布列松(Henri Cartier Bresson)的《欧洲》就是这样的一本书。

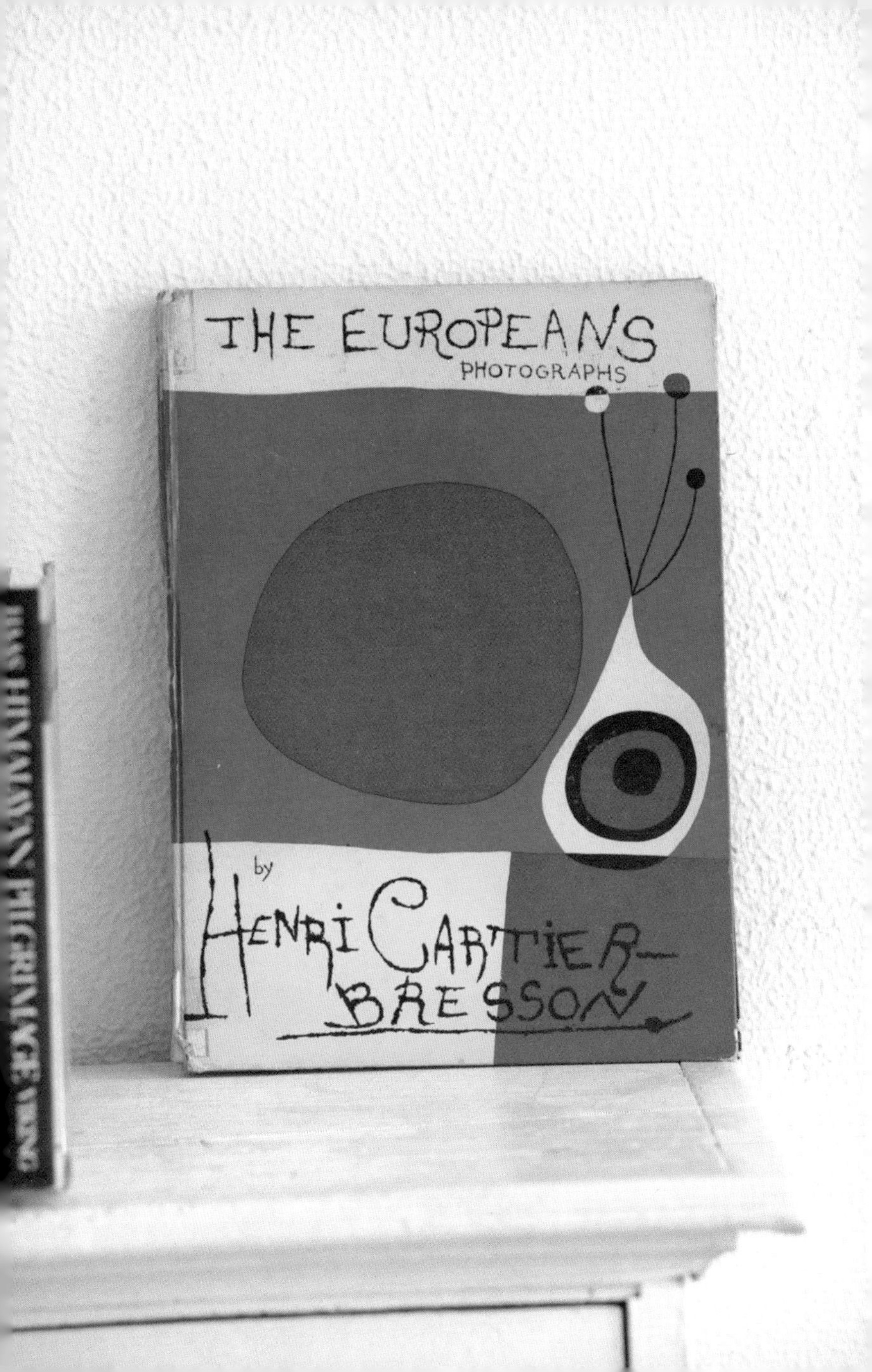
THE EUROPEANS
PHOTOGRAPHS
by
HENRI CARTIER-BRESSON

72

不经意间

李禹焕的铜版画

虽然很喜欢去美术馆和画廊看展，但是一直觉得自己的家里不用摆设艺术品。尽管喜欢，有时也会想拥有，但心里总觉得那些并不是都能负担得起的东西。

只是我很喜欢用心仪的器物装饰桌面，比如把海边拾来的石头摆在地板上，或是将喜欢的书页翻开摊在沙发旁的边桌上。

在直岛的李禹焕美术馆见到的这幅铜版画，却顺顺当当地闯进了我的生活。当时是出于什么原因我忘记了，这幅作品的魅力就在于"不经意"。与石头、器物、书放在一起，也会即刻随遇而安。没有特别的主张，只是在放置它的地方，静静地不经意地释放着它自身的存在感。

73

每日的必做事项

满寿屋的署名定制一笔笺

我每天写信，因而也每天收信。这听着似乎有些不可思议，但其实和每天收发电子邮件是一个道理。

最近，我多用一笔笺来写信。除了需要特别注意不要失礼之外，写一些通知函和感谢信，一笔笺比一般形式的通信要方便得多。

现在用的，是一位我所尊敬的人送给我的满寿屋的一笔笺。奶油色的纸笺上印着红色的方格，一侧印有"弥太郎用笺"的字样，是对方特意定做的。能想到这么漂亮有心的礼物，真的是好品味。对方一共送了我二十本笔笺再加上同样质地的信封，很长一段时间不用再担心信纸信封的问题。今天我也在写信。真快乐。

74

风雅简素

平冢的利是封

在旅馆里给小费，或者返还别人垫付的票款，我都会使用利是封。在新年时频繁亮相的利是封，如此小巧可爱，如果一年只用一次就太可惜了。

利是封我多是用银座平冢的。

用木版一个个印刷出来的利是封，有种说不出的味道，只是看着或者拿着，心里就会兴奋不已。平冢创立于大正三年（1914年），是一家从建店开始至今刚好一百年的老店。平冢的理念是"原创""精致而简洁""功能性良好的真正商品"。小小的袋子里面装着很多想法。

75

镜片外的世界

Lunor 的眼镜

年轻的时候，我曾被长辈告诫说，一味地吃廉价食物，就会变成廉价的男人。这句话中颇含深意。从某种程度来说，也可以理解为，如果眼睛只盯着廉价物品，就会变成廉价的男人。真正好的东西，请用心看。在衣食住上都尽己所能地甄选优品。只停留在能用即可得过且过的层次，则一切枉然。

我曾想过眼镜究竟是工具还是装饰品。因为展现于人前，我将它归类于装饰，而选择了Lunor的眼镜。酷似雪茄盒的眼镜盒也很有趣。

戴上眼镜，我想更多地、更清晰客观地看那些优质而美好的东西。

我不想成为一个廉价的男人。

83

店员向犹豫中的我推荐了这支笔。
拿不定主意时听从专家的意见，
这一点通过实践我深有体会。

76

愿一直收于包中

Delta 的钢笔

"如果笔具中也存在正装,那非钢笔莫属。"当听到我敬仰的女子说出这番话,我想,还有什么理由不用钢笔呢?她的来信,无论文章还是字迹都异常优美,处处展现庄重典雅的氛围。现在我终于明白,其中的一个原因就是钢笔。

然而,中意之物总是不容易觅得。往往书写流畅的,外观设计不尽如人意;外观动心的,用起来又不称手。终于有一天,我在工作间隙走进的一家店里遇见了这支钢笔。苔绿色的大理石花纹有种说不出的别致,让我一见倾心。从那以后,写东西的时候就一直用它了。

77

与世无争

Royal Doulton 的瓷器犬

　　我家里有个斗牛犬"杰克"的陶瓷摆件。它作为代表英国人不屈灵魂的吉祥物而闻名于世。这一款是知名陶瓷品牌Royal Doulton（皇家道尔顿）1941年的珍贵原版，伦敦的朋友将它赠与我时，我喜出望外。朋友走遍古董店，特意为喜爱007的我找到了它。看过电影《007：大破天幕杀机》的人都会明白吧。

　　所谓不屈的精神，虽然表达的是一种不败的信念，但我一直将"不与人争战之战役"作为信条。这何尝不是另一种强大的意志力呢？

　　当我突然在心里对某人摆出战斗姿态的时候，蹲坐眼前的杰克就会对我瞪视。

　　它克制着我与人争斗。

重约 5.5 千克。
买的时候很是迟疑，
但还是被一种莫名的缘分感驱使，
把它搬回了家。

78

散发森林气息的书

法布尔的《蘑菇图鉴》

在京都偶遇的友人提议说，如果有时间很想带我去一个地方。因为行程并非很赶，我便随之前往，去了一座森林边的寺院。寺院里有个小小庭园，坐在庭园边的门廊，静静地听他聊起法布尔怎样撰写《昆虫记》。

归途中，我们走在山路上，发现了一种罕见的蘑菇，我很欣喜，友人更是兴奋得绕着我转圈，六十出头的大叔在那一刻宛如一个少年。

之后不久，我在东京的古旧书店发现了这本法布尔的《蘑菇图鉴》。时常，当我歪在地板上翻着它的时候，仿佛置身于森林之中。

79

语尚往来

上田义彦的原版照片

在我卧室的墙上，挂着一幅上田义彦的摄影作品。

每天临睡前看看它，晨起也会看看它。有时候是几秒钟，有时候是近半个小时，甚至一个小时。这个习惯我已经持续了两年，丝毫不觉得厌倦。而且，与之面对时，关于美、关于生命、关于光、那些可见和不可见的，各种思绪在我脑中盘旋。虽然我希望更纯粹地与它相处，但是因为照片在跟我说话，来而不往非礼也。

如今，它就像是我的朋友。有一个可以每天对话的朋友，是我莫大的幸福。

80

纸上的雪花

三代泽本寿的型绘染

　　住在松本的时候，我曾几次去型绘染艺术家三代泽本寿的家里做客。在他的工作室里，放着很多用于染色的模具，以及他走访中东和中亚国家时收集的各种工具。我每次都像个寻宝的孩子一样兴味盎然地徘徊其中，逐个欣赏。

　　这些东西，在本寿先生过世之后，全部交由他的三儿子友寿珍藏保管。我提出想看的时候，友寿毫不吝啬地将模具和根据模具染出来的作品拿给我看。

　　其中，让我目不旁落的是这幅雪花图案的作品。"您喜欢的话，就拿去吧。"记得听到这话时，我惊喜过望，一时竟不知该如何表达这份喜悦，就这么走回了家。

三代泽先生与松本民艺馆的创办者丸山太郎先生一起发起了松本民艺运动。
至今在松本城中依然还留有三代泽先生的门帘、屏风、挡板等作品。

旅途中的日常

Arts & Science 的香皂

Arts & Science香皂可以说是我的旅行必备品。

酒店准备的洗漱类用品不一定适合自己,何况那么小块的香皂和小瓶子,用起来实在不顺手。

Arts & Science香皂的魅力不仅在于它上乘的品质,还有它漂亮的盒子。除了居家使用,还会特意备有一个旅行用的盒子。装在盒子里带着出行,用完之后控干水分再收入盒子,十分完美。

香皂的原料使用富含天然矿物质的死海海泥,用过之后肌肤柔软润泽。麝香的味道也让我倾心。

Raised by nature
gathered by Gamila to nourish healthy skin.
Gamila Secret
PRESS COVER GENTLY AND SMELL HERE
100% NATURAL INGREDIENTS
Gamila
Gamila

82

每一天的支撑

Gamila Secret 的香皂

如果香水属于"非日常"，那么这款香皂就是"日常"之选。但正是这寻常之物，支撑着我的每一天，因而无比重要。

无论再怎样美味，也不可能每天都享用全套的怀石料理或法国大餐；无论多么奢华美丽的衣服，也不能一直穿在身上，让自己不得放松。Gamila Secret的香皂，就像每天吃的家常小菜，或是洗过多次、随和舒适的亚麻便服，陪我度过轻松安适的平常时光。

正因为香皂直接接触皮肤，我才要选择由放心的原料制成的，也希望使用能够与工匠之手产生共鸣的东西。使用它，最开心的是我的肌肤。身体的感受要比大脑的思考来得更真实。

83

她喜欢过的蓝

弗龙的版画

　　比利时艺术家让·米歇尔·弗龙(Jean-Michel Folon)的版画，是与我私交甚好的邦枝恭江女士多年的珍贵收藏。

　　"这蓝色很美吧？""凝神注视，会想出很多好点子呢。""是我非常喜欢的画。""是从弗龙那里直接买来的哦。"我站在这幅版画面前，回想着她说过的很多话。

　　邦枝恭江女士在很突然的情况下去了天国。我多么想再听她说话，听她讲关于她喜欢的画作。

　　这幅版画现在就放在我的房间里。

　　蓝得那么美。

84

一生的伙伴

提到毛绒玩具，大部分人都会联想到柔软的东西，Steiff（史泰福）的毛绒玩具却完全颠覆了这种印象。它们的脸型和整个轮廓非常可爱，拿在手里却感觉十分硬朗。真可谓质朴刚健。Steiff的制作都是先草拟出动物的表情和动作，再根据构图裁剪所需的布料，然后由工匠一个个手工缝制而成。所以它们既不存在完全相同的面容，也没有分毫不差的身体轮廓。

小刺猬是我送给女儿的圣诞礼物，毛绒小马则是她爸爸从德国带回来的手信。女儿收到礼物时已经是上小学之后了，所以并没有搂在怀中同眠的经历，但是她却十分珍爱它们。好的东西孩子自然会喜欢。

85

带来书写欲望的铅笔

Hermès 的铅笔

文章或短句，我无日不书。不仅是工作用的原稿，当头脑中突然冒出什么点子或者想法时，我也会随手记下，所以笔具总是常伴左右。平时书写，我习惯用铅笔。对我来说，铅笔是最不会给人压力的一种书写工具。

这套Hermès的铅笔是别人送给我的礼物。本可以轻松使用，但笔杆上用皮革细细编裹的漂亮手工，却让我有些退缩，便将其束之高阁了一阵。直到有一天，我心血来潮，想体会一下它的书写感受，便用它写了一篇小文。

写完短短的随笔，发现指尖存留的感触与以往不同。为了探其究竟，我不由得想用它书写更多的文章。真是有魔力的铅笔。

86

挺直腰板

Smythson 的信封便笺

电子邮件的方便和快捷让人难以舍却，但对于重要的友人或知己，用信件传达情意才是最好的方式。

无论是逛街时还是旅途中，看到文具店我总想进去瞧一瞧。便签、信封、明信片、一笔笺等，边看边选，如果遇到喜欢的，那一整天心情都会很好。

给重要的朋友写信，我会用Smythson（斯迈森）的信纸和信封，或是用他们的卡片。轻轻解开藏蓝色的罗缎蝴蝶结，打开浅蓝色的盒盖，露出雅致的白色便笺，取出一张，用钢笔郑重书写。每次我都会先整理好书桌，挺直腰板，认真地与之相对。

得要配得上这信笺折叠方正的风姿。

87

觅得美盒

卡夏的盒子

　　在巴黎长期工作过的友人使用的整理文件资料的文件夹很漂亮，是以藏蓝色缎带打结封存、用奶油色厚纸制成的袋式文件夹。有种在日本未曾见过的高雅气质。我想下次去巴黎的时候自己一定也要买来。

　　在青山的Found MUJI店里，我发现了这款名为"卡夏"的系有缎带的闭合式文件夹。据说在法国的公共设施和图书馆里都有使用。这样说来，我想起友人也曾同样提及。因为盒子可以摞起来收管，所以比文件夹更为方便吧。在法国，有着优质而美丽的纸箱文化。我买了很多用来代替抽屉。

　　装衬衫和针织衫也非常合适。

88

只要有花

家附近新开了一间花店，让人欣喜。我路过的时候总是会进去看看，遇到喜欢的花就买回来插好摆在家里各个角落。

说实话，插花我并不拿手，常常把同一种花插进旧的储物瓶，或者在玻璃杯里插上一枝花了事。

或许是因为我平日的工作中常常要与器物之类打交道，所以在家的时候，也习惯把东西都收纳起来。这么一来，偶尔会觉得某个角落看起来空落落，很冷清。那时我就会借助鲜花来装点环境。只要少许鲜花，周围的空气就会变得柔和而多彩。

收到华丽奢侈的花束当然快乐，而自己买来鲜花，大大一捆无需任何缀饰地插到瓶中，我也非常喜欢。

89

理想达成的镜头

Leica 的相机

　　二十岁时，我在纽约买了一个Leica(徕卡)相机。

　　从那以后，便一直使用Leica。到现在，Leica镜头进进出出多少个，我自己也记不清了。在某段时期，Leica的手工镜头有着个体差异，古旧镜头本身有优劣之分，同样型号的镜头其拍摄效果也有着微妙的不同。因此在遇到不喜欢的镜头时我会马上脱手，再购入同款，就这样一直在不断地寻找适合自己的那一只。由于Leica的镜头价格高昂，金钱方面不免让人捉襟见肘。尽管如此，Leica仍然具有让人一旦陷入便欲罢不能的魅力。

　　现在我手上终于可以达到理想拍摄效果的，是1960年生产的Summilux 35毫米镜头。在什么样的时刻怎样构图，能拍出什么样的效果，它已成竹在胸。

90

静默却无法忽视的存在

渡边辽的铁制摆件

起初，我以为它们是石头，拿在手上却格外轻盈，并且发出"咔嗒咔嗒"悦耳的声音。它由两块铁焊接在一起，表面用砂纸打磨细腻，"咔嗒咔嗒"的声响来自中空部分的小石子。

虽是金属材质，却没有冰冷感，真是个奇妙的物件。当我与认识这位手艺人的画廊老板聊起它的主人时，才得知对方曾是个喜欢在山里漫步，捡拾树果和石子把玩且永不觉厌倦的少年。我闻之释然。如果将这个摆件随意放置于自然中，一定也会立即与周围环境相融互合。

无论置身何处，它们都有着静默却无法忽视的存在感，令人不可思议。完全就像是有生命的个体。

91

坂本茂木的手制门牌

买了房子后，我却从来没有想过门牌的事情，直到有天，我突然想起在镰仓的手工制品商店"Moyai工艺"，其玄关处挂着一块陶瓷门牌。我问店主久野惠一先生，哪里可以买到这么漂亮的东西。没想到他说，您难得来访，不如请小鹿田烧的名工匠坂本茂木为您亲笔写一个吧。这真是做梦也想不到的意外之喜。一年之后，当我快忘了这件事时，门牌做好了。久野先生说，茂木的字非常有味道。据说他烧制了很多个，只选出其中两个满意的。"这下就算遇到门牌惯偷，丢了一个还有另一个备用呢，您可以放心用了。"久野先生大笑着说道。

挂上门牌，陋室成雅舍。

92

活版印刷的名片

　　因为名片是代表自己的卡片，定制的时候我会格外用心。

　　小小纸片中，必须将必要的信息清晰有效地排列。纸质和色泽也很讲究。要满足这些条件并非易事。

　　从第一次定制名片开始，我就选择了活版文字。我喜欢活版文字独特的质感。自从从事出版工作以来，接触的人中会注意到这一点的很多，因而也经常成为我与初次见面的人之间话题的切入口。

　　朋友去中国台湾旅行，带回来的伴手礼是我的名字，"伊藤まさこ"这五个活版活字。据说朋友是在逛街时偶然遇到的印刷所里买来的。下次的名片就用中国台湾制的文字来做吧。这实在是份贴心的礼物。

伊藤まさこ

将自己想要的感觉告诉可信赖的熟识的图文设计师，
遂得此。喜欢它简洁与淡雅的样式。

左・伊藤　右・松浦

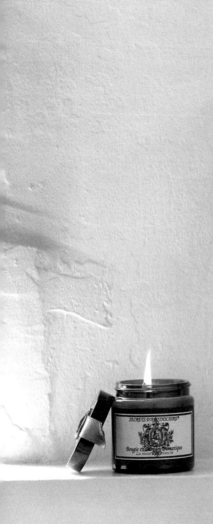

93

法国历史之幽馥

Cire Trudon 的香烛

　　我家里各处都摆有香薰蜡烛，因为它们只须放在那里，便能满屋生香。

　　世界最早的蜡烛厂家来自法国的Cire Trudon，这是一家从1643年就开始生产蜡烛的老店。他们生产的蜡烛，为凡尔赛宫和法国各地圣母院所用。香烛的玻璃容器出自意大利芬奇镇的工匠之手，属于纯手工打造。玻璃容器本身就是极富收藏价值的艺术品。我曾造访过一次位于巴黎的Cire Trudon门店。在那里闻到的也许就是法国历史沉淀下的原香。

　　我总会在特别的日子里将其点燃。

94

宛如巴黎女人

Secrets d'Apothicaire 的蜡烛

　　身处巴黎会对香味十分敏感。无论是咖啡店或餐馆里坐在邻桌的女子，还是擦肩而过的路人，身上总是带着一丝香气。虽然偶尔会让人怀疑是不是用香过度，但那也不失为一种个性。更重要的是，每个人都能演绎出自己独特的香气，教人羡慕。所以我也一点一点地，积攒自己喜欢的香氛。

　　住在巴黎的朋友送给我的这支香烛，点燃之后会散发纤致细微的幽香。因为使用的是100%的天然素材，不会出烟，融化的烛泪可以像固体香氛一样直接接触肌肤。有一次家里来客人，我点燃这支蜡烛，客人说有"伊藤的味道"。我开心地想，难道自己也像巴黎女子一样，终于拥有了自己的独特香气了吗？

95

在青柠、罗勒和柑橘的芬芳中

Jo Malone 的沐浴油

　　"人只会看见自己想见的东西。"我一边泡澡一边自言自语。现在的我，想见的是什么？是否有偏颇？有没有在否定什么？……古罗马帝王凯撒的一句名言，却让我时常自问何为自己之想见。并且通过自问，我能重新认识自己，或者发现另一个新的自己。对于想出工作上的好点子也颇有助益。

　　这个习惯，源自于一次住宿伦敦的酒店时所见。在酒店的洗护用品当中备有Jo Malone（祖·玛珑）的沐浴油，而在放置洗护用品的角落，就写着这句凯撒名言。在青柠、罗勒和柑橘的芳香包围中，这句话的深意也渐渐渗透进我的身体。

96

一天的始与终

D. R. Harris 的牙膏

TOOTHPASTE，也就是牙膏。

实际上，很长一段时间，我都为没有找到很好的牙膏而苦恼。在纽约旅行时，在有机用品商店货架上的一排牙膏当中，我选了外形设计漂亮的买回来，用起来却没有一个令我满意（从此体会到有机用品商店也不是样样都好这个事实）。后来，遇到了这款D.R.Harris的牙膏。优质的荷兰薄荷，令每一个睡眼惺忪的清晨，和终得安睡的夜晚，都变得舒适惬意。

1790年，身为药剂师和医生的兄弟二人创立了该品牌。有两百多年的历史，店铺开在伦敦圣詹姆斯大道。当听说是英国皇室的御用品，我不由释然。

曾得到过英国皇室认证的物品，一次也不曾让我失望。
多为优质有品位的舒适产品。
简洁的包装设计为浴室平添一丝洁净感。

97

判断筐的方法

KORBO 的铁筐

筐是搬运工具。在日本，很多筐是用山葡萄藤、杞柳条、色木槭、木樋、竹子等编制而成的。判断其优劣，首先要看边缘是否编得牢固，其次是把手是否结实。边缘如果没有编牢，把手也就不容易安装好。篮筐本身是由一个人编制，但由于边缘需要下力，所以这部分有时候需要两个人来完成。再就是看筐体，四方形的筐体耐久性差一些。筐体浑圆的不仅手感良好，装东西的时候重量也容易均匀分布，可以发挥搬运工具的应有作用。

瑞典的KORBO铁丝编筐，是使用不锈钢材料，做工精良的手工制品。从底筐到立面都非常美。

98

整理房间

三铃细工的整理筐

工作间的二楼被我用来做客房，来自日本各地或者海外的朋友可以自由放松地使用。两张单人床加上小巧的座椅，边桌上只放一盏台灯，是一处非常简洁的空间。

整理这里的时候，总是按照舒适的酒店客房风格来布置。房间布置若想达到干净、清爽又不显得冷清的效果，并非易事，但是三铃细工的整理筐，使这里变得亲和柔暖，在调节气氛方面实在功不可没。筐里放的是洗干净的毛巾和浴巾。通过这样整理，就渐渐会思考对于自己和他人，什么才是舒适的环境。

这一切都归功于我的朋友们。

曾出现在柳宗悦书中的松本三铃细工。
柔软而富有弹性的三铃竹编工艺，
是信州百姓必不可少的生活用品。

99

巴赫以前的音乐

约翰·道兰德

在家里听的音乐大多为古典音乐。

钢琴家中，我喜爱格伦·古尔德（Glenn Gould）、迪努·利帕蒂（Dinu Lipatti）、阿利西亚·德·拉罗查（Alicia de Larrocha）和马尔塔·阿格里齐（Martha Argerich）。

也常爱听帕布罗·卡萨尔斯（Pablo Casals）的大提琴曲、布洛尼斯拉夫·休伯曼（Bronislaw Huberman）的小提琴曲、卡尔·李希特（Karl Richter）的管风琴曲和鹤泽清治的三味线。

有段时间，我着了魔似的只听巴赫，就在那段时期，我突然对巴赫以前的音乐产生了兴趣，想知道除了巴洛克和宗教音乐之外，有没有更加素朴和平民化的音乐，便试着查找。于是发现了十六世纪的英国作曲家、在欧洲享有很高声誉的鲁特琴演奏家约翰·道兰德（John Dowland）。其作品多为歌唱爱与悲伤的声乐和鲁特琴曲，其中，《任我的泪水流淌》乐声极为壮美。

ÉDITIONS DE
L'OISEAU-LYRE

JOHN
DOWLAND

The Collected
Works

Œuvres

The Consort
of Musicke

ANTHONY ROOLEY

100

目光的终点

丽莎·拉森的女人摆件

　　瑞典陶艺家丽莎·拉森（Lisa Larson）以制作狮子和猫、狗与海豹等动物主题而闻名。而这件女性人物摆件也是由她亲手制作。

　　第一次见到它是在京都的minä perhonen店中一个叫作"Galleria"的艺术空间。"Galleria"在芬兰语中有画廊之意。漆成白色的学校课桌上摆着一个个神态各异的女子。周围墙壁上挂着丽莎的丈夫、画家古纳·拉森（Gunnar Larson）的画作，包围并守护着妻子的作品。

　　不是为了买它而去的，但是看到这个意志坚强的女人的侧脸之后，目光再也不能移开。

　　身量虽小却赫然而存。她的眼睛里映照着什么，她发现了什么呢？百看不厌。

何谓优质生活

总之是渴望生活得愉快舒适，为此整理好自己的居住空间也是一种自我投资。

松浦 我总是希望把自己生活的空间，整理得很舒服，只摆放自己喜欢的东西做装饰，我非常看重这一点。

伊藤 我呢，首要条件是清扫，对我来说清扫比什么都重要（笑）。

松浦 清扫啊。嗯，对我来说一个洁净的空间也是优质生活的必要条件。

伊藤 每次去京都的寺院，我心情都会很好。那种好心情是源于那里周到细致的清扫。如果要把那种氛围带回家，对于我，只有通过自己亲自清扫才能实现。

松浦　您喜欢清扫吗？

伊藤　倒是经常被这样问起，其实不是，我只是喜欢舒适好心情。如果不清扫也可以很干净舒适的话，我大概就不会做了，可实际情况是，如果不做就不可能保持清洁。

松浦　如果不清扫会感觉空气也污浊了。

伊藤　对，我不喜欢那种污浊的空气，有种滞钝感。

松浦　我明白（笑）。我也一样。所以在家里也清扫，在店里和办公室也必须清扫。那么对于家里的陈设，你有怎样的看法？

伊藤　当然想摆放自己喜欢的东西。我做不到为了陈设而陈设，不想凑合。

松浦　啊，是的。我也非常讨厌凑合。那么你是那种宁缺毋滥愿虚位以待的类型咯？

伊藤　是的。

松浦　那么，当你终于遇到心仪之物，无论多贵都会买吗？

伊藤　当然没到要不惜贷款买下的程度，但是在感觉多少有些吃力的情况下，还是会咬咬牙买下来。

松浦　这很重要。我认为咬咬牙勉力而为都是支持好

奇心的一种行为。一个人自己的能力容量只能由自己来培养和扩充。所以年轻的时候，咬咬牙做一些貌似超出自己支付能力的私人投资，不仅可以促进自己成长，而且将来也一定会得到加倍的回报。通过赚钱买股票进行学习是一个方面，而选购一些有品位的好东西，让它们伴着自己的成长岁月，也是一种非常重要的自我投资。

伊藤　而且，如果购得质优良品，就免去了几次三番重复购买，有些东西甚至可以用上一辈子，这何尝不是一种节约呢？当然也许会有用腻了的时候，但是如果是质量上佳的物品，一定也具备可以转让给别人的价值。

松浦　是啊！现在的年轻人，是在经济状况不好的大背景下成长起来的一代，似乎很怕花钱，但是金钱是一种不花费便不会增加的东西呀！而且，希望他们能把金钱用在有利于自己成长的事情上。

伊藤 是的。我从事生活家居设计的工作，但仍有很多器皿、锅具、桌布，如果自己不买来亲自使用，是不会真正了解的。自己试用过之后觉得好的，就想介绍给大家。而一些手感欠佳的东西，看起来再漂亮我也不会推荐。

松浦 您喜欢旅行，也喜欢住高级酒店吧？

伊藤 是的。住在高级酒店的时候，我可以了解到很多事情，诸如哪种床单用起来会很舒服，盛具的哪些用法非常可取之类。

松浦 是啊。我也非常喜欢住好的酒店，有时会有人说那太奢侈了。但是如果想到这也是一种必要的学习，就一点都不觉得奢侈了。

伊藤 是吗？那我今后更要名正言顺地继续学习（笑）。

松浦 优质上乘的物品是促进自己成长的良伴。今后我也会一如既往地珍惜与这些好东西相遇相处的机会。

松浦弥太郎

随笔作家，中目黑的古书店"COW BOOKS"代表人。

以"正直、亲切、笑容、今天也要用心过生活"为信条，书写生活和工作中的乐趣、富足和学习之处，并通过杂志连载、电台播音、办演讲会等形式而与大家分享交流。著有《100个基本》（Magazine House出版，浦睿文化引进）、《不能不去爱的两件事》、"生活中的巧思与发现笔记"三部曲（以上均由PHP出版，浦睿文化引进）等多部作品。

伊藤正子

造型设计师。在文化服装学院学习设计和服装制作。作为烹饪等日常生活方面的造型设计师，从事女性杂志与烹饪书籍的工作。以能在平常生活中发现乐趣的敏锐视角，接地气的生活姿态而受到许多人的欢迎。2013年，从生活了6年的松本移居横滨。著有《馈赠物语》（集英社）、《The 正子造型》（Magazine House）、《家务种种》（新潮社）、《漫步东京 一点点奢华》（文艺春秋）、《松本的十二个月》（文化出版局）、《每日的惊喜便当》、《每一日每一天》《轻酌慢饮话酒肴》《伊藤正子的厨房工具》《伊藤正子的食材选择》（以上均由PHP出版）等多部作品。

原书附录（购买、咨询信息）

P.6 Margaret Howell 的爱尔兰亚麻衬衫
Margaret Howell tel.03-5467-7864
www.margarethowell.jp

P.12 Dents 的皮质手套
LEAMILLS Agency tel.03-3473-7007
www.dents.jp

P.16 Patek Philippe 的海底探险家系列
Patek Philippe Japan 咨询中心
tel.03-3255-8109
www.patek.com/contents/default/jp/home.html

P.19 MIKIMOTO 的珍珠项链
MIKIMOTO tel.0120-868254
www.mikimoto.com

P.20 Alden 的平头浅口皮鞋
The Lakota House 青山店 tel.03-5778-2010
www.lakotahouse.com

P.22 Christian Louboutin 的高跟鞋
Christian Louboutin Japan tel.03-6804-2855

P.26 Burberry 的风衣
Burberry Japan tel.0066-33-812819
jp.burberry.com

P.28 Ettinger 的皮带
Ettinger 银座店 tel.03-6215-6161
ettinger.jp/shop

* 数据更新至 2014 年 7 月。由于书中所展示的皆为作者私人物品，
因此不能保证可购得相同产品。

218

图书在版编目（CIP）数据

好物 100/（日）松浦弥太郎,（日）伊藤正子著；
吴迪译 .— 长沙：湖南美术出版社 ,2015.5
ISBN 978-7-5356-7233-9

Ⅰ.①好… Ⅱ.①松…②伊…③吴… Ⅲ.①服饰美学 Ⅳ.① TS976.4

中国版本图书馆 CIP 数据核字 (2015) 第 131950 号

Otoko To Onna No Jyoushitsu Zukan

Copyright ©2014 by Yataro Matsuura & Masako ITO

Photographs by Taro Hirano

First published in Japan in 2014 by PHP Institute, Inc.

Simplified Chinese translation rights arranged with PHP Institute, Inc.

through CREEK & RIVER Co.,Ltd. and CREEK & RIVER Shanghai Co., Ltd.

著作权合同登记号：18-2014-224

好物 100

[日] 松浦弥太郎 伊藤正子 著 吴迪 译

出 版 人　　李小山
出 品 人　　陈垦
责任编辑　　孙冬梅 张抱朴
装帧设计　　张 苗
责任印制　　王 磊
出版发行　　湖南美术出版社
　　　　　　（长沙市雨花区东二环一段 622 号 410016）
网　　址　　www.arts-press.com
出 品 方　　中南出版传媒集团股份有限公司
　　　　　　上海浦睿文化传播有限公司
　　　　　　上海市巨鹿路 417 号 705 室 (200020)
经　　销　　湖南省新华书店
印　　刷　　深圳市福圣印刷有限公司

开本：787×1092 1/32　　印张：7.25　　字数：50 千字
版次：2015 年 5 月第 1 版　　印次：2022 年 5 月第 7 次印刷
书号：ISBN 978-7-5356-7233-9　　定价：48.00 元

出品人：陈垦

监制：余西　出版统筹：陈刚　张雪松

策划编辑：张逸雯　装帧设计：张苗

浦睿文化 Insight Media

投稿邮箱：insightbook@126.com

新浪微博 @浦睿文化